韓國第一健身

短時高效
健身計劃

肌力訓練＋有氧鍛鍊，
持續5天，降體脂・
雕曲線超有感

데일리, 다솔맘 홈트：
진짜 나를 찾는 시간

崔寶瑛—著 陳品芳—譯

讓自己自信滿滿的站在鏡子前

妻子、母親、女人。
這是我一輩子不會改變的頭銜……

我既是別人的太太，也是一位母親，更是一個平凡的女人，但現在
我所擁有的，更是持續努力的「運動的母親」這個頭銜而已。

為了讓日常生活更健康，我透過這些時間的努力，讓自己擁有現在
的身材。在懷孕跟坐月子期間，「產後癢疹」與嚴重的「月子病」使我的身

體狀況一直不好。體重過重跟肌肉量不足，也使我的骨頭疼痛，再加上嚴重的產後憂鬱症……，那段時間完全無法自己完成任何事情，只能依靠他人的力量，而這樣的現實也嚴重打擊了我。雖然很想出去外面呼吸新鮮空氣，但骨盆的嚴重疼痛，讓我的腰部和頸部都受椎間盤突出所苦，連走路都有困難。再加上非得要我抱著才會停止不哭的孩子，為了這個我必須要保護的小生命，讓我決定「找回健康」。

養過小孩的人都知道，時間非常不夠用，運動計劃這種東西根本是奢侈，但也因為這樣，所以我便設計出短時間內就能獲得最大成效的超有效徒手運動計劃（各位也可以在不上課的情況下，讓自己擁有一副好身材，因為最了解自己身體的人就是自己）。就像我們每天都會吃三餐一樣，只要把運動當成生活的一部分來享受就好。愉快地度過每一天，不知不覺間就能夠讓自己的身材愈來愈好。

不要像成天臨時抱佛腳，考試結束之後就把課本內容全部忘光的學生時期一樣，放慢腳步，運動的時候好好專注在自己的身上。聽聽自己的呼吸聲、感受一下骨骼跟肌肉是如何運動的。慢慢地累積每一個寶貴的時刻，肯定能夠擁有一副美好身段。

我會持續夢想著能夠自信滿滿地，以魅力十足的模樣站在鏡子前面，並誠心地為各位加油。

Dasol媽崔寶瑛

CONTENTS

目錄

SPECIAL PART

進階篇：Dasol媽的高強度訓練

Dasol 媽的
運動與菜單

就像我們每天都會吃三餐一樣，
只要把運動當成生活的一部分來享受就好。
愉快地度過每一天，
不知不覺間就能夠讓自己的身材愈來愈好。

不復胖，十個一直瘦的飲食習慣

當我成為瑜伽講師，到第一線去指導每一位學員的時候，明白每個人的身體都存在著截然不同的差異，運動的方法也需要有一些不同，大家想要的體態也不盡相同。其中最重要的是，我了解了「習慣」的重要性。

習慣！習慣就是第二天性
為了度過健康又清爽的每一天，應該從小地方開始實踐。
以下就介紹讓我的身體比結婚前更健康、身材更好的幾個小習慣。

1. 早上一睜開眼，就要以感激的心情伸懶腰。
2. 喝一杯溫水。
3. 早餐吃得簡單也沒關係，但要營養均衡。
4. 午餐帶便當或是用小碟子分裝著吃。
5. 一天要喝兩公升的水（水瓶是我的好朋友）。
6. 吃適當的堅果當點心，避免自己感到飢餓。
7. 做伸展運動（想到就做）。
8. 一天花一小時給自己的身體（要有運動時間）。
9. 晚餐簡單的吃大量的蔬菜（不同顏色、種類的蔬菜）。
10. 按時吃乳酸菌。

從今天開始一一確認這些條件，享受身心愈來愈健康的自己吧！

想要長肌肉，健身後一定要休息！

瘦身、雕塑身材的基本三元素：

1. 運動（選擇符合目標的運動）。
2. 營養（吃）。
3. 休息（尤其是睡覺）。

如果假設「我們的身體＝建築物」，而「運動＝施工」的話，那施工開始的時候，就要為了「整地」而費一番苦心。

簡單來說，我們會用身體坐下又站起來、轉動再纏繞、推了再拉、抬起再放下、折起再伸直、跑步再停下等，這些都是「運動的過程」。

接著會慢慢的把建材「堆積」起來。

而這就是透過進食，讓身體產生肌肉的過程。

就像建築物完成之後無法即刻入住一樣，我們還要等水泥跟油漆乾了，等到確定堅固沒問題了才能住進去。

而這就是「休息時間」。

產生肌肉的過程，其原理就是透過運動來破壞肌肉細胞，破壞的肌肉細胞會重新修復，這時候可以透過好的營養讓原本的肌肉變得比之前更強壯。

運動，是每個人一生的功課

　　雖然運動有很多定義，但其實共通點就是藉由鍛鍊身體，來讓自己更健康、提升生活的品質。所以擬定運動計畫的方法，就必須是選擇符合目的的運動方式、決定適合目前情況的運動頻率（Frequency）、適合個人水準的運動強度（Intensity），以及決定適當的運動持續時間（Time）；又稱為FIT原則。

　　運動順序的基本架構為準備運動→正式運動→和緩運動。

　　依靠自己的意志來讓身體動起來，這就叫做運動。

　　可以不受時間與空間限制，但同時又無法讓他人來代替自己執行，是我們「一輩子的課題」。可以說是讓我們帶著期待與希望去面對，屬於自己的美麗課題。

正確攝取熱量，瘦得更健康

　　除了可以維持固定模式的運動選手之外，一般人其實不太需要極端的飲食法。如果壓抑最原始的本能，我們的身體會準備隨時補償被壓抑的本能，心理上也會產生龐大的食慾以滿足這樣的渴望，最後可能導致「溜溜球現象」。所以希望大家可以配合日常生活中的育兒、工作，更有彈性的計算卡路里，擬定一份有品質又兼顧美味的健康菜單。

到底要吃多少卡路里？

　　回想學生時期的自然課，應該就會想起熱量是使用卡路里（cal：1cal＝4.18605J）為單位，是要讓一克一卡的水溫度提升一度所需要的熱能，是用來代表熱能多寡的單位。我們必須從來自外界的營養中，取出構成人體所需的化學物質，並使其轉化成為熱能、運動能量，才能維持生命、消化食物、運動。

吃多少才是「適當的熱量」？

　　身體所消耗的熱量，是基礎代謝量＋活動代謝量＋消化代謝量（消化並吸收食物時所需的熱量）的總和。基礎代謝量約占總熱量消耗的60％～70％，活動代謝量則占20％～30％，消化代謝量約占全體能量消耗的10％左右。想知道自己究竟該吃多少，那就要先知道自己的身體究竟用了多少熱量，這樣就能很快掌握該吃多少了。

1. 基礎代謝量

　　基礎代謝量是平時維持身體運作所需要的最低能量，為了讓身體靜靜待著不動的時候也能維持體溫、血液循環、呼吸，所以會使用這些能量。基礎代謝量會因性別、年齡、體重等各種因素而有所差異，也因為每個人的基礎代謝量不同，所以即使吃等量的食物，也有人會胖、有人不會胖。

　　想要瘦下來就必須提升基礎代謝量，這也是瘦身中最重要的一點，因為基礎代謝量在一日代謝量中所占據的比重最大（約占總代謝量的60%～70%）。

　　說簡單一點，就是所有條件都相同的兩個人，吃等量、相同的食物時，基礎代謝量較高的人消耗的能量相對較大，脂肪也比較不會儲存在體內，而這也對減重比較有利。

2. 活動代謝量

　　活動所需的熱量，就是我們在走路、跑步等各種活動時所需要的熱量。活動代謝量可分為購物、上下班、做菜、打掃等日常生活中會消耗能量的「非運動代謝」，而我們期待透過運動消耗的能量則稱為「運動代謝」，這隨著我們從事的活動會有很大的不同。我個人想大力推薦的部分，就是增加活動代謝量。

　　為了減重而同步進行運動與飲食控制之後，就會發現基礎代謝量因生理機制而自然下降（雖然大家的目標都是提升基礎代謝量、減少體脂肪，但其實這很困難。透過有氧運動進行有氧代謝時，基礎代謝量就會跟著減少）。

因此，不要太執著於基礎代謝量，建議大家還是上下班的時候多利用大眾交通工具，搭乘大眾交通工具時站著不要坐著，提前下車多走個幾站的距離、多爬樓梯等，透過日常生活增加能量的消耗，這樣體重就會在不知不覺間減少，而且還可以維持。瘦身愈慢愈好！

3. 消化代謝量

　　每一種食物在消化吸收時使用的熱量都不一樣，舉例來說，比起在嘴裡就會很快融化的砂糖等單醣類，需要好好咀嚼才能吞下去的玄米等多醣類，在消化吸收的時候會需要用掉更多的熱量。為了消化、吸收多醣類會需要很多能量，血糖上升也會比較緩慢，所以攝取多醣類會比單醣類更有利於瘦身。也因為每個人需要的熱量不同，所以決定適合自己的熱量其實是很困難的事情。韓國營養學會便發布「韓國人一日營養攝取標準」（編註：台灣是由衛福部國民健康署發布「每日飲食指南」），提供給各年齡層的國民參考自己究竟該攝取多少熱量。以此為基礎，運動量較大或是要增加體重的話，那就必須多攝取一些熱量，平時運動量較少或是要減重的話，則需要少攝取一些熱量。

4. 攝取的飲食與消耗的熱量之間的關係

　　我們的身體為了製造能量，會以葡萄糖作為能量來源（每一克碳水化合物含有四大卡）。身體消耗能量的順序是優先使用碳水化合物，使用了一定的量之後，就會把剩餘的碳水化合物轉換為脂肪儲存起來。但如果攝取的熱量比平常少，那身體就會分解儲存起來的能量來源，以此來製

造能量。所以攝取大量高熱量的食物，但卻沒有消耗相應的熱量的話，這些熱量就會轉換成脂肪儲存起來，這就是變胖的原理。

5. 每日建議熱量 (依性別、年齡、身高，需要的熱量均不同)

成年男性：2200 ～ 2600大卡／成年女性：1800 ～ 2100大卡。現代人即使並沒有每天都滿足建議攝取量，也不會對健康有太大的影響，反而是超過一日建議攝取量的時候，很容易導致肥胖等成人病或其他疾病，所以建議大家攝取的熱量不要超過一日建議攝取量，以少量多餐的形式搭配持續運動。

瘦身餐怎麼吃

以減重為目標時的飲食攝取方法

　　跟前面提到的一樣，藉著飲食攝取的熱量，扣除基礎代謝與活動代謝的消耗之後，剩餘的熱量多寡將會決定你變胖的程度，所以我們在吃東西之前必須掌握基本原則：

- ・不過量→放下要吃到飽為止的想法
- ・不吃加工食品等零嘴→以低熱量的食物當零食
- ・減少碳水化合物→吃肉的時候不配飯吃，藉此減少白飯的攝取量
- ・不吃消夜→如果因為肚子餓而睡不著，就熱半杯低脂牛奶慢慢喝
- ・不喝酒

※ 減重一日菜單：以成人女性為基準約1400大卡（碳水化合物60％、蛋白質25％、脂肪15％）。

以瘦身為目標時的食品選擇

1. 多醣勝過單醣

　　單醣類是已經被切開的糖，很快就能被消化吸收，會使血糖急速上升，而急速上升的血糖會導致胰島素迅速分泌，使脂肪合成的速度加快。但我們在消化、吸收多醣類的時候需要消耗能量，血糖的上升速度也會比較慢，所以比起精緻過的糖，更應該選擇多醣類，舉例來說像是以玄米（又稱糙米）取代白米。

2. 攝取膳食纖維豐富的食物

　　膳食纖維的熱量低，能夠增加食物的體積，為我們帶來飽足感，也會妨礙脾臟吸收並幫助排泄，能有效預防減重時容易伴隨的便祕問題，幫助排便。同時能夠防止糖分過度吸收，減緩血糖上升的速度，而含有豐富膳食纖維的食物則大多屬於蔬菜、水果、未精製的穀類等。

3. 低鈉清淡飲食為主

　　有些西式或中式料理，為講求口感，烹調方式會放較多的油或鹽分，所以食物的料理方式還是以低鈉清淡為宜，攝取熱量與脂肪含量較低的食物，營養也比較均衡，也別忘了多攝取身體在減肥時易缺乏的維生素與礦物質。

4. 攝取均衡營養

　　我不希望大家因為想要減重，就限制自己不能吃哪些東西。限制不能吃特定的食物，就會產生補償心理，反而可能因為忍不住而破戒，吃

完之後又會因為自責而陷入憂鬱。這也是減肥失敗的最大原因。單一食物減肥法、皇帝減肥法、高麗菜湯減肥法、地中海減肥法、排毒減肥法、低碳高脂減肥法（低碳水化合物與高脂肪）、間歇性減肥法等，現在流傳著各式各樣的減肥方法。但大家不要只看那個引起話題討論的部分，還要留意其他的地方。

　　觀察低碳高脂的生酮飲食菜單，會發現他們也不是無止盡地攝取脂肪，而是必須小心來自加工食品中的脂肪。反而比較接近要大家不要害怕脂肪。運動學、食品營養學上的知識固然重要，但看不見的心理因素也是不容小覷的重要因素。想要成功減肥，就一定要考慮到心理因素。

以增加肌肉為目標時的飲食攝取方法

　　如果目標是鍛鍊肌肉，那運動完後一定要攝取含有大量蛋白質的食物，尤其建議多吃蛋白、魚肉、雞胸肉或一般的肉類。鍛鍊肌肉所需的蛋白質分量，可以用個人體重乘以兩克來計算，假設體重是六十公斤，那至少就必須補充一百二十克的蛋白質。不過即使一餐攝取大量蛋白質，也無法完全被身體吸收，所以運動完後應該攝取更多的蛋白質，剩餘不足的分量，再分成一天三餐少量攝取來補足。了解哪些營養素和食材有助增肌，並選擇這些食材和營養素來攝取才是最重要的。

- 精氨酸（Arginine）：可幫助合成蛋白質，清除體內不必要的老廢物質，製造一氧化氮以幫助血管擴張、提升運動的能力。
  富含精氨酸的食材：紅豆、黃豆、鯛魚、貝類、蘆蝦、鱈魚、櫻花蝦、鱈魚乾、貽貝、青花魚、石蓴、豬肉、花生、南瓜籽、松子、腰果。

- 谷氨酸（Glutamine）：幫助形成並維持肌肉。
  富含谷氨酸的食材：紅豆、蕎麥麵、藥豆、黃豆、黑豆、紅刀豆、鯛魚、鱈魚、貝類、鱈魚乾、小鱈魚、蘆蝦、章魚、魷魚、鮪魚、石蓴、黃褐盒管藻、雞胸肉、南瓜籽、杏仁。

增加肌肉生長的左旋精氨酸

　　精氨酸是一種氨基酸，人體會自行製造，也是可以透過食物攝取的必要氨基酸。精氨酸可以幫助蛋白質合成，也能清除體內不必要的老廢物質，產生氧化氮幫助血管擴張、提升運動能力，也可以幫助提高男性的性能力。

功效

1. 增加肌肉生長與提升運動能力：精氨酸是合成蛋白質必要的氨基酸，可幫助肌肉生長，也就是說合成蛋白質與肌肉生長有直接的關聯性。還可以幫助身體分泌生長荷爾蒙，控制胰島素的數值、保護肌肉、燃燒脂肪等，可以幫助恢復並形成肌肉。

2. 性功能強化：精氨酸確實被用於治療勃起障礙，在提高男性性功能方面有著卓越的功效。這是基於增加血流量而帶來的結果。

3. 改善血壓與其他功效：因為有擴張血管的功能，所以能夠幫助控制血壓（透過擴張血管以增加血流量，進而提升運動能力）。

4. 對腦功能、懷孕、改善糖尿病等都有效果。

5. 防止肌膚老化。

6. 促進血液循環並預防心臟疾病。

7. 強化免疫系統。

8. 維持毛髮健康並防止受損。

9. 分解脂肪、減少體脂肪。

10. 促進生長荷爾蒙分泌。

11. 幫助運動：可以幫助肌肉恢復及肌肉形成。

Dasol媽的身材管理祕訣

　　主要是低碳水化合物且能補充蛋白質的菜單，配色也十分均勻。比起一一去計較每一種營養的含量，我更著重於每一種顏色的蔬菜都要吃到，這樣營養才會均衡。最重要的就是新鮮與品質。尤其生吃的沙拉、堅果等，一定要注意保存期限與製造時的衛生環境（一定要小心，盡量不要攝取黴菌等細菌對身體會有致命影響的毒性成分）。

　　我們都知道瘦身的時候必須要運動搭配飲食控制，這樣效果才會顯著，速度也才會快。尤其如果想要快速練出腹肌、希望站上體重計的時候能看到驚人的效果，那就必須做到80％靠飲食控制，20％靠運動的嚴格控管。但如果沒有搭配運動的話，反而會陷入比不運動更可怕的「溜溜球現象」。如果只靠飲食控制來減肥，身體也會失去彈性，從結論來說，還是要運動搭配飲食控制一起進行才對。

　　在這個充斥著吃播與美食的世界，你可能會煩惱「要怎麼遵守節食菜單」，但其實一切都取決於你的決心。即使是外食，白飯的分量也可以減半，可以盡量避免吃過鹹的食物，可以的話，也可以幫自己準備視覺上不輸高級餐廳的沙拉便當，外頭也有很多唾手可得的瘦身便當可供選擇，大家可以多多利用。

　　如果晚上有推不掉的應酬，不得不吃消夜的時候，隔天可以試著進行間歇性斷食，也可以喝左旋精氨酸（可上網查詢相關產品），並空腹做至少六十分鐘的有氧運動，以燃燒掉多餘的熱量。

這種規律維持六個月左右，應該能自然發現自己的身體確實不一樣了。在實踐的結果出來之前，很多人都會放棄，這真的很可惜。希望大家不要急，多投資一點時間，在跟身體的對抗當中獲勝。

Dasol媽的身材管理食譜 TIP

1. 不斷食
斷食會導致溜溜球現象、貧血、健康問題。

2. 增加肌肉量
- 給予肌肉刺激（運動）
- 攝取肌肉生長必要的營養（飲食）
- 休息（睡眠）

3. 低碳水化合物、膳食纖維豐富的蛋白質菜單
搭配新鮮蔬菜，以蛋白質為主的菜單。
- 一般菜單：玄米（雜糧）飯、蔬菜類小菜、蛋白質食品（雞胸肉、雞蛋、豆腐、魚、肉類等）、沙拉。
- 簡易菜單：地瓜、南瓜、雞胸肉、雞蛋、沙拉、堅果。

4. 早餐果汁，晚餐沙拉
　　早上空腹喝果汁，可以大量吸收維生素、礦物質等營養，所以推薦早上喝果汁。而且快速供給身體必要的營養，頭腦也會比較清晰，更能促進腸胃活動，幫助淨化身體，可以輕鬆開始充滿活力的一天。

TIP

減肥時要多吃雞胸肉的原因：
　　雞胸肉的體脂肪轉換率比碳水化合物低，每100克含有23克的蛋白質，跟魷魚、牛肉、黃豆等其他蛋白質含量較高的食物相比，算是CP值比較高的食物，只吃一點也可以獲得較多的蛋白質。

Dasol 媽的食譜

1. **黑豆奶昔**：黑豆粉4湯匙、牛奶350毫升、蜂蜜1湯匙。
2. **有飽足感的排毒奶昔**：香蕉、番茄、花椰菜、紅蘿蔔、水。
3. **沙拉**：雞胸肉、綠葉沙拉蔬菜、核桃、番茄、洋蔥、起司條、巴薩米可醋。
4. **烤麵包三明治**：全麥發酵麵包、雞胸肉、綠葉沙拉蔬菜、番茄、洋蔥。
5. **黑麥玉米餅**：雞胸肉、綠葉沙拉蔬菜、番茄、洋蔥、蜂蜜芥末醬。

　　此外，在喝奶昔或是思慕昔的時候，即使是沒什麼東西好咀嚼的液體，也最好嚼個幾次再吞下去。身體的消化器官會優先感應到咀嚼的訊號，以準備進行消化，咀嚼的時候口腔會分泌可以分解碳水化合物的澱粉酶，胃則會分泌含有蛋白質消化酵素的胃液。如果沒有咀嚼就直接喝下去，腸胃的消化準備時間就不夠充分，反而會使消化吸收速度變慢。

沙拉 　　　　　　　　 烤麵包三明治 　　　　　　　　 黑麥玉米餅

TIP

可以不要挨餓又吃得正確的減肥法：
　　顧及蛋白質的菜單雖然都是低熱量，但像雞胸肉、堅果等都有飽足感，可以提升用餐時的滿足感。尤其蛋白質是形成人體的成分，所以我建議就算只有一點點，用餐時也一定要注意蛋白質攝取，同時還要搭配豐富的蔬菜。

5. 午餐到晚餐之間可以蔬菜或堅果做點心

吃生食一定要注意品質與衛生。尤其是堅果，很容易產生具毒性的致癌物質黃麴毒素，建議最好選擇品質優良、新鮮出爐的產品。

6. 喝水

「一天要喝兩公升的水」。

水不僅能夠帶走體內的老廢物質，在消化過程中也是不可或缺的重要角色，還會消耗熱量，對減重也是很有幫助的。甚至有一句話說「水要用水來清除」。水腫是一種腎臟疾病，除了甲狀腺荷爾蒙分泌不均或生理期間的荷爾蒙改變等特殊情況之外，如果在深夜吃鈉含量過高的食物，人體就會蓄積大量的水以排出這些滯留在體內的鈉，也因此會水腫。這時候可以藉著攝取新鮮的水來幫助體內循環，達到利尿作用，同時也把老廢物質帶出體外，所以一定要多喝水。

7. 不要被假食慾騙了

在電視上透露自己一年內成功瘦了三十四公斤的藝人金信英就說，「真的很餓的時候會什麼東西都想吃，假餓的時候就只會想吃披薩、想吃漢堡。」假性飢餓會讓你只想吃特定的食物。大家要記得，因為身體會記得吃東西時的幸福感，所以承受壓力或是無聊時，就會下意識地去找東西來吃。

戰勝假性飢餓的方法

1. 早餐一定要吃

即使是喝奶昔或果汁，也應該用地瓜、香蕉、蘋果、牛奶或富含蛋白質的食物為主，給身體飽足感，進而壓抑食欲。

2. 餓的時候就刷牙

牙膏裡的成分可以抑制食欲。如果當下的情況無法刷牙，那也可以嚼一下口香糖，這樣有助於讓口腔更清新。

3. 找出屬於自己的舒壓法

因為身體會記得吃東西的滿足與幸福感，所以承受壓力或是無聊的時候，就會自然地想吃東西。這時候請你嘗試持續動作，通常都是在家的時候容易嘴饞，可以摸摸健身的道具或是做一點運動、整理抽屜、整理廚房，讓精神專注在其他地方。

4. 喝水

人體跟飽足感有關的神經，不只會受到食欲的影響，也會受到口渴的影響。你喝下一杯水，解決口渴的問題之後，就可以同時安撫食欲。所以買個漂亮的保溫杯，隨身攜帶一些水在身上，可以帶來很大的幫助。

上班族經常無法在固定時間午餐。如果無法另外準備便當，那可以只吃半碗飯，然後配清淡的小菜，養成至少咀嚼五十次，每次咀嚼時都要放下湯匙細嚼慢嚥的習慣（不需要像為了大賽控制體重的運動選手，一日三餐都嚴格控管）。

用一般的飲食來減重

　　用過度嚴格、極端的飲食規劃來瘦身的時代已經過去了。而且很多激烈的減肥方式，其實都會帶來嚴重的副作用，過去已經有很多前例可循。其實，只要遵守低鹽及低碳水化合物兩個原則，就可以健康地瘦身了。

大醬鍋

　　這是韓國家庭中常見的料理。大醬是將豆醬餅泡在醬中，將透析出來的水倒掉之後，以剩下的殘渣製成的醬，也是韓國傳統的發酵食品。大醬的基本食材是黃豆，黃豆號稱植物界的肉，其發酵過程會產生抗氧化物質亞油酸與 α-次亞麻油酸，也含有異黃酮（isoflavone）這種物質，能有效預防心血管疾病或骨質疏鬆症。此外，卵磷脂（lecithin）這種成分則能幫助提升大腦機能，不僅對成長中的兒童有益，對成人與老人也都很有效。富含膳食纖維的大醬，也能夠幫助預防便祕。一般來說，一碗大醬鍋的熱量是一百四十五大卡，熬煮的時候濃度要控制好（鹽分控制），加入大量的豆腐、香菇、南瓜等食材，並推薦選用玄米飯做搭配。

烤鯖魚

　　由於周遭充斥太多的速食，所以現代人可以說是一直在與膽固醇指數對抗。鯖魚中的Omega-3脂肪酸可以降低膽固醇指數，此外也富含不飽和脂肪酸EPA與DHA，可以幫助大腦發展、預防成人病，更可以幫助人體恢復元氣。

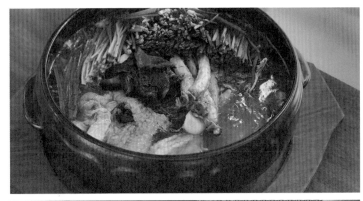

　　每100克的鯖魚熱量是一百七十二大卡，推薦不要沾醬油或其他醬料吃，搭配一碗熱飯直接享用原始的美味。

清燉雞

　　雞肉的熱量比其他肉類低，是很棒的蛋白質來源。而且脂肪比較容易去除，料理起來比較簡單，肌肉中的脂肪較少，不飽和脂肪酸含量達65％。蛋白質消化吸收率也高達96％，對成長中的兒童或是腸胃不好的人來說，都是很好的食品。

　　清燉雞含湯一人份的熱量大約是七百大卡，在吃清燉雞的時候請盡量以瘦肉為主，只喝三分之一的湯、吃三分之一碗飯，這就是Dasol媽的祕訣！ ＾＾

Dasol 媽的
自我訓練法

培養規律的短時間高效能運動習慣

運動一定要有效率！除了需要技巧的運動項目，或是要培養肌耐力的馬拉松之外，絕對不是運動的時間愈長，就愈能夠讓你擁有理想的身材。我希望大家可以集中，並且在短時間內完成運動。如果無法在適當的時間內刺激肌肉、達到滿足的話，那你就應該檢查一下自己的動作步驟或姿勢。規劃一個有效率的運動循環，並專注在這個循環上面，持續做這個循環直到運動時間結束。

居家訓練的準備

1. 服裝

雖然是在家做運動，但適當地露出身材，不僅能夠讓你更有動機去運動，也可以檢查自己的姿勢。建議開始運動時就要穿上健身裝，這樣暖身完身體熱起來的時候，才會覺得剛剛好。

2. 工具

墊子、彈力帶、瑜伽滾輪、8字彈力帶、啞鈴、瑜伽環、阻力環等。

3. 全身鏡

可以經常看自己的身體，確認改變的樣子。也可以用照片來記錄。

Dasol媽的瘦身訣竅

比起體重機或測身體成分的機器，建議大家還是相信捲尺跟鏡子吧。

1. 菜單

想要成功健康瘦身，那就一定要兼顧營養與運動。

雞胸肉或蛋白可以幫助肌肉生長。雖然說到肌肉生長，很多人就會想到這會讓女性的身材變得凹凸不平，不過因為荷爾蒙與結構的關係，女性的肌肉其實不太容易變大，所以請不要太擔心。

一定要做肌力運動，才能擁有有彈性的身體，而且要暫時停止吃點心！

餐與餐之間一定要隨時喝水，喝像普洱茶這種自己喜歡的簡單又清爽的飲品，還有止饑的效果，身體也會為了消化這些東西而消耗熱量，皮膚也會變好。還有，最重要的是要注意免疫力，Dasol媽想建議大家「記得吃維生素」。

2. 運動

有效的規律運動。

在開始正式運動之前，一定要暖身，應該做一些伸展或是準備運動，而正式的運動則是符合減重目的的全身運動。建議的運動時間是一天一小時，至少也要運動30分鐘。

如果想要有充滿女人味的曲線，那建議不要做太多會讓肌肉疲勞的重訓，而是空手或是利用彈力帶，來幫助肌肉和線條更有彈性。

Dasol媽的訓練規律

Dasol媽的居家訓練流程

暖身（動態伸展）

瑜伽健身

各部位肌力運動

臀部／下半身／胸部／背部／手臂／肩膀

有氧肌力運動

全身綜合動作

腹肌運動

上腹部／下腹部／外腹斜肌／棒式／棒式變形

和緩伸展

從頭到腳／依序伸展／全身

暖身

初期伸展

　　開始運動之前，我們要給身體一個開始的訊號。這不是為了提升柔軟度，而是為了預防受傷、放鬆僵硬關節的時間，所以順序是固定的。要由上往下或是由下往上（脖子→肩膀→腰部→腿→手腕＆腳踝／手腕＆腳踝→腿→腰部→肩膀→脖子），伸展的時候不要過度使力。

　　如果能讓身體完全適應環境，這樣運動就能夠發揮最大的效用。效率運動的捷徑，就是「準備運動」，千萬不要忘記它的必要性與重要性。

暖身運動（WARMING UP EXERCISE）

　　可以簡單的做幾個我們常見的有氧健身操動作，讓整個身體循環一下。

　　這是全身有氧肌力動作，以下三個動作中挑一個以上，重複做20次。

- 蹲低 + 深蹲 & 抬腿
- 下拉 + 單腿抬膝
- 交錯抬膝 & 踢腿

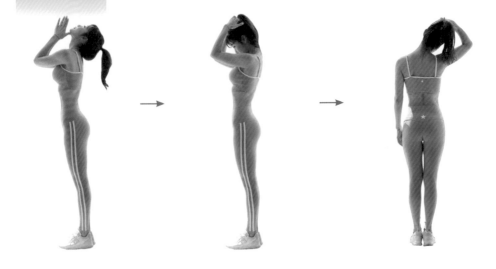

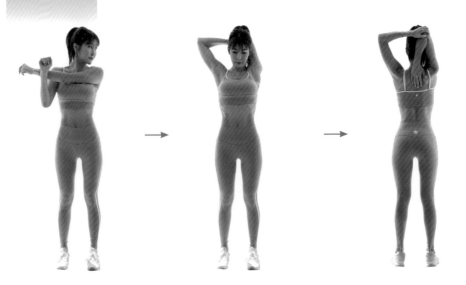

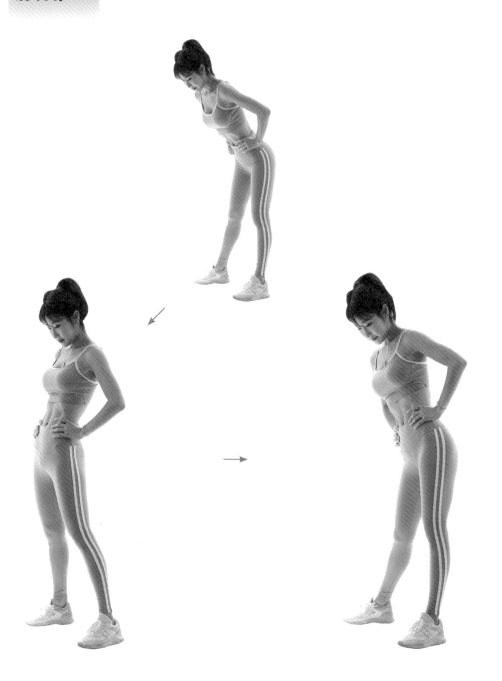

蹲低＋
深蹲&抬腿

1 雙腳張開與肩同寬，雙手向前伸直，擺出深蹲姿勢。

2 利用背部的力量將雙手拉回,肩胛
骨往內收,重心放在單腳腳跟上並
站直,另一隻腳的腳跟則抬起來踢
臀。向下蹲的時候吸氣,起來的時
候吐氣。

TIP
· 蹲低的時候要專注在背部的肌肉。
· 腳彎曲的時候,膝蓋要固定不動,將力量集中在大腿肌肉上,把腳往後拉。

下拉＋
單腿抬膝

1 雙腳前後分開站好，
雙手高舉過頭。

2 用下腹的力量將後面那隻腳的膝蓋
拉回來，同時用背的力量將雙手往
下拉。這時候支撐的重心腳後跟要
用力下壓，臀部也要同時用力收
緊。抬膝的時候吐氣。

TIP

· 手收回來的時候肩胛骨要收緊，將手往臀部方向拉，並集中在背部肌肉的
  動作。
· 抬膝的時候要集中用下腹部的力量。
· 用重心腳的腳後跟支撐身體時，要盡量使用臀部的肌肉。
· 動作可以試著加速，這個姿勢是鍛鍊核心肌肉的力量，以讓你的核心更
  強健。

交錯抬膝&
踢腿

1 雙腳張開與肩同寬，
雙手高舉過頭。

2 用下腹的力量將膝蓋抬
起，同時用上腹部的力量
讓身體前彎，雙手去碰膝
蓋和腳尖。

3 在抬膝或抬腳尖的
時候吐氣。

┌─ **TIP** ⌐ ──

・把雙手拉回來的時候，要專注胸部（腋下的地方）肌肉和腹肌的放鬆與收縮。

・抬起膝蓋／腳尖的時候，要專注在下腹部的肌肉。

└───┘

中期伸展

　　結束初期伸展之後，身體就會不再緊張，體溫也會上升，進入適合運動的狀態。雖然可以立刻開始做正式運動，但也可以再更仔細地去針對各部位做瑜伽伸展。瑜伽主要是拉伸、扭轉、支撐等動作，跟負重抬放的運動不一樣，瑜伽的支撐動作會需要忍耐。會用到完全不同的肌肉，透過動作（體位，Asana）搭配呼吸，吐出體內不必要的老廢物質，以提升循環功能。在扭轉、拉伸、支撐的過程中，可以讓身體的線條變得更有彈性。將全身肌肉的肌力伸展變成一個規律，每天持續做這些動作，都可以帶來很大的幫助。

　　做出瑜伽的體位動作後保持平衡，然後慢慢地以腹式呼吸法呼吸。吸氣的時候腹部感覺突起，吐氣的時候則要透過呼吸，將體內的空氣完全地吐出，透過呼吸將體內的毒素、老廢物質排出。吐氣時可以把肌肉伸展得更長、轉的角度再大一些，吐氣時要更強化動作的原因，就在於核心用力時運動效果會比較大，這樣也同時可以預防受傷，可以更深入地刺激該部位。每個動作維持三十秒到一分鐘，然後再換個方向。

　　做瑜伽動作時，不要刻意去拉長腰與背的關節。在瑜伽運動中，尾椎是代表生命力與力量的重要部位，在做每個動作的時候，都要以放鬆尾椎的狀態去穩定核心，拉長脊椎和四肢，藉此產生力量。

　　身體不夠柔軟的人，可以藉著做瑜伽來提高柔軟度。不要太過執著於動作，專注在想要完成那個動作的過程就好。放下其他的想法，專注在身體上，這樣會覺得身心都輕鬆許多。

瑜伽體位	伸展重點
直立站姿	• 強化脊椎肌力與柔軟度 • 消除腰部、臀部、大腿、小腿贅肉 • 強化腳踝
三角姿勢	• 恢復左右平衡 • 強化大腿肌肉與骨盆肌肉 • 消除大腿內側贅肉
戰士姿勢	• 矯正脊椎與肩膀 • 強化下半身&提臀 • 強化腳踝、小腿、膝蓋
站姿弓式	• 改善左右不平衡問題 • 消除肩膀、背部疼痛 • 提高專注力、耐力 • 強化內臟功能 • 強化下半身肌力 • 消除髂腰肌與大腿水腫 • 雕塑腿部線條
棒式	• 強化核心（內腹斜肌、外腹斜肌、腰方肌、闊背肌、大臀肌、中臀肌）
屈膝伏地挺身 （Knee push-up）	• 提升胸部彈力 • 提升手臂彈力 • 強化核心

中期伸展
直立站姿

1. 重心放在右腳，用腳掌撐住身體，腳掌緊貼，並用左手抓住左腳腳踝。
2. 把左腳拉高，讓左腳掌可以緊貼右腳大腿內側。
3. 盡量讓左腳跟往鼠蹊部方向靠近。
4. 將骨盆的重心移到右腳上方，雙手合十並放在骨盆的正中央，與地板呈現平行之後，感覺尾椎朝地板下壓，並維持這個姿勢三十秒到一分鐘。
5. 眼睛放鬆看著遠方。
6. 用同樣的方法換一邊再做一次。

1. 雙腳張開，距離是肩寬的兩倍，右腳轉向右邊。
2. 吐氣時下半身用力，不要晃動，吐氣的同時上半身漸漸往右邊傾斜。
3. 手可以去抓腳踝，或是放在小腿上，也可以握著膝蓋，配合自己的柔軟度調整位置。
4. 另一隻手朝天花板舉高伸直，視線也要跟著看向天花板。
5. 深呼吸三十秒至一分鐘，吸氣的時候上半身抬起，注意骨盆不要轉動，要維持向前，尾椎往前推以固定骨盆。
6. 用相同的方法換邊再做一次。

戰士姿勢

1. 順著瑜伽墊的方向雙腳前後打開，後腳的角度要與身體呈六十度，腳尖要朝外，整個腳掌包括小趾都要跟地板貼合，前面的那隻腳膝蓋彎曲成九十度。

2. 雙手高舉過頭並雙手交握，吐氣時尾椎往內收，感覺脊椎整個被拉開。

3. 這時候兩隻腳的重量必須平均以撐住身體，骨盆和尾椎要維持在身體的正中央。

4. 腰不要彎，用力感覺像把尾椎往內收。

5. 眼睛放鬆，視線往前方的地板上看。

6. 用下半身保持身體平衡，嘗試後仰並把胸部打開，深深地吸入氧氣（不要勉強自己）。

站姿弓式

1. 雙腳併攏站好，接著右腳向後抬起，並用右手抓住右腳足弓的內側或外側（也可以輪流抓足弓的內側或外側，重點在於骨盆和大腿要與地板維持平行，骨盆要保持平衡）。
2. 左腳腳掌與地面貼合，左手舉至與肩同高或高舉過頭。
3. 上半身前彎，同時腳和手一起往後推，並把腳抬高。
4. 視線會隨著方向而改變，而姿勢完成的時候視線會朝向正前方。
5. 深呼吸三十秒到一分鐘，吸氣的時候上半身抬起。
6. 腳慢慢回到原來的位置，讓左右腳重心一樣，然後再換另一邊。

棒式

1. 在瑜伽墊上前趴，手掌撐地並讓手肘、肩膀成一直線。
2. 腋下用力支撐上半身，雙腳張開與骨盆同寬，膝蓋要打直，從旁邊看過去，會覺得耳朵－肩膀－骨盆側面－踝骨成一直線。
3. 同時核心要用力，自然地呼吸並維持這個姿勢。

中期伸展
屈膝
伏地挺身

1. 雙手張開與肩同寬，撐在瑜伽墊上，膝蓋則跪在瑜伽墊上。
2. 上半身打直成一直線，手肘彎曲放鬆胸部肌肉，然後再收縮胸部肌肉，並藉著這股力量將手肘打直。
3. 上半身抬起時吸氣，下壓時吐氣。

短時高效運動

經過充分的暖身後，身體已經發熱、發汗，也散發出
運動的欲望，那就正式開始運動吧。

01

驢子踢腿

初級15次×3組 | 中級25次×3組

1 四肢趴地,腹肌用力,並注意腰不要彎曲,腋下用力固定上半身。

2 右腳膝蓋呈現彎曲狀,臀部放鬆並將右腳跟往天花板抬起,這時臀部肌肉要收縮。

3 臀部肌肉收縮(腳向上抬的時候)吐氣。換腳重複同樣動作。

TIP

· 腹肌用力,讓腰可以打直。
· 要專注刺激臀部並把腳抬起來(初學者的腳可能無法抬得很高,只要專注在臀部肌肉的收縮與放鬆就好)。

跪姿抬腿

初級15次×3組 | 中級25次×3組

1 四肢趴地,腹肌用力把腰打直,雙手腋下用力以固定上半身。

2 單腳向後直直伸出去,臀肌用力收縮把腳抬高。臀部肌肉收縮時(腿往上抬起時)吐氣。換腳重複同樣動作。

TIP

・腹肌用力,讓腰可以打直。
・要專注刺激臀部並把腳抬起來(初學者的腳可能無法抬得很高,只要專注在臀部肌肉的收縮與放鬆就好)。

臀部運動3
跪姿抬腿畫圈

初級15次×3組 | 中級25次×3組

1 四肢趴地，腹肌用力把腰打直，雙手腋下用力以固定上半身。

2 單腳向後直直伸出去，利用中臀肌的力量讓腳朝逆時針方向畫一個大圓。

3 腿繞到上方的時候吐氣。換腳重複同樣動作。

TIP

・腹肌用力，讓腰可以打直。

橋式

初級15次×3組 | 中級25次×3組

1 面朝上躺下，膝蓋立起，
雙腳張開與骨盆同寬。

2 後腳跟推地板，以臀肌的力量
將臀部抬起。臀部抬起時，也
就是臀肌收縮時吐氣。

TIP

· 不是要用腰部的力量，而是要專注在臀部肌肉的動作。
· 如果覺得膝蓋會痛，那就要控制腳的角度（呈 V 字形）。

橋式變化：髖關節外展

初級15次×3組 | 中級25次×3組

1 面朝上躺下，膝蓋立起，
雙腳張開與骨盆同寬。

2 後腳跟維持併攏，用中臀肌的力
量把腳打開。腳張開的時候，也
就是中臀肌收縮的時候吐氣。

TIP

· 腹部和臀部不要放鬆，要維持住，專注在臀中肌的放鬆與收縮。

02

「閉嘴，做深蹲！」這句話不是空穴來風。畢竟全身最大的肌肉群就在大腿，也是瘦身跟肌力訓練過程中，不可能漏掉的重要部位。因為在代謝作用中，大腿是最容易累積老廢物質的部位，所以也有研究結果指出，平時如果能持續運動大腿，就可以預防各種成人病。深蹲和硬舉不僅能鍛鍊到臀部，更能夠鍛鍊到脊柱起立肌，幫助維持脊椎健康。不過一定要用正確的姿勢，選擇適合自己的運動次數喔。

側抬腿

初級15次×3組 ┃ 中級25次×3組

1 雙手放腰間，雙腳打開與肩同寬，將重心放在單腳上，另外一隻腳微微往側邊抬起，身體保持平衡。

2 核心用力，專注在抬腳那一側的臀中肌，慢慢把腳抬起來，維持2秒之後再放下。抬腳的時候吐氣。換腳重複同樣動作。

TIP

・核心要穩定，讓身體不要晃動，維持平衡。
・不是踢腳，而是在最高處稍微停頓一下，並專注在肌肉的收縮與放鬆上。

深蹲

初級15次×3組 ｜ 中級25次×3組

1 雙腳張開與骨盆同寬。胸部朝向正面，用把臀部往後推出去的感覺慢慢蹲下，注意，膝蓋不要超過腳尖。

2 雙手要可以收在胸前，或是向前伸出去，這樣可以幫助保持身體重心。

3 站起來的時候，身體重心要擺在後腳跟，專注刺激臀部與大腿後側的肌肉，包括括約肌在內的臀部肌肉要往內收緊。蹲下的時候吸氣，起立的時候吐氣。

TIP

- 初學者可透過椅子深蹲、牆壁深蹲來矯正姿勢。
- 腰要打直不要彎，核心要用力。
- 蹲下的時候膝蓋不要超過腳尖，雙手向前伸出去以保持重心，臀部要盡量往後推。
- 站起來的時候注意，雙腳膝蓋不要往內收，不要藉著腰的動力讓自己起立。
- 一開始不需要蹲得太低，要以正確的姿勢為主，這樣只蹲一點點也能刺激臀部肌肉。

硬舉

初級15次×3組 │ 中級25次×3組

1 雙腳打直，並張開與肩同寬。腰也要打直，腹部要用力收緊。

2 起身的時候要用後腳跟去推地板，集中刺激臀部及大腿後方的肌肉。

→

3 前彎的時候雙手要與地面垂直，從大腿前側開始沿著腿慢慢往下推。視線應該朝著正面或看鏡子。起身的時候吐氣。

TIP

‧核心要用力，注意不要彎腰或駝背。

‧專注刺激背面的肌肉。

寬步深蹲

初級15次×3組｜中級25次×3組

1 雙腳張開為肩膀的兩倍寬。

2 垂直蹲下的時候，膝蓋與腳尖必須在垂直線上，慢慢彎曲膝蓋往下蹲。起身的時候吐氣。

TIP

· 起身時膝蓋不要向內轉。

· 要蹲到讓大腿內側肌肉充分舒展開來，起身的時候，則要感覺像用雙腳把墊子撕開一樣施力（像是把紙從中間撕成兩半的感覺）。

前弓箭步

初級15次×3組 | 中級25次×3組

1 身體站直，往前跨一大
步。前腳膝蓋不要超過
腳尖，兩腳膝蓋彎曲，
盡量呈現九十度。

2 蹲下去起身的時候吐氣。
換腳重複同樣動作。

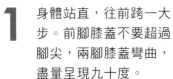

TIP

・步幅愈大，就愈能刺激到臀部，要多注意。
・起身的時候，兩腳的腳跟都必須用力下壓。

下半身（臀部）運動6

側跨步

初級15次×3組 ｜ 中級25次×3組

1 身體站直，雙腳打開與肩同寬，臀部往後推慢慢蹲下，注意膝蓋不要超過腳尖。

2 視線看著正前方，後腳跟用要
把墊子踩出一個洞的力道，往
右邊跨三步，然後再用同樣的
方法往左邊跨三步回到原位。

3 腳後跟用力踩在地
板上的時候吐氣。

TIP

· 腳後跟壓得愈用力，就愈能給臀部肌肉刺激。

· 核心必須用力收緊，不要晃動，這樣才能夠專注在要運動的部位。

03

屈膝伏地挺身

初級15次×3組 | 中級25次×3組

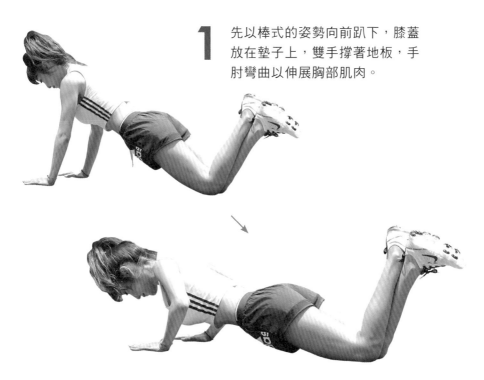

1 先以棒式的姿勢向前趴下，膝蓋
放在墊子上，雙手撐著地板，手
肘彎曲以伸展胸部肌肉。

2 用胸部或是腋下的力量把上半身撐起
來。在把上半身撐起來的時候吐氣。

TIP

· 初學者可將膝蓋放在墊子上做伏地挺身。

· 盡量不要聳肩，避免用到斜方肌的力量。

· 核心肌肉要出力，這樣才不會彎腰駝背。

推胸（彈力帶）

初級15次×3組 ｜ 中級25次×3組

1 雙手向前伸直，接著手肘彎曲並向後拉來，伸展胸部的肌肉。

2 腋下用力，雙手往前面用力伸直。胸肌收縮，雙手往前伸直的時候吐氣。

TIP

· 盡量不要用到斜方肌，為避免肩關節受傷，也要注意不要聳肩。

仰臥飛鳥（握水瓶）

初級15次×3組 | 中級25次×3組

1 雙手張開與肩膀
平行，伸展胸部
肌肉。

2 腋下用力，雙手向前併攏，專注收縮
胸肌。雙手向前併攏的時候吐氣。

TIP

・盡量不要用到斜方肌，為避免肩關節受傷，也要注意不要聳肩。

手肘上抬

初級15次×3組 ｜ 中級25次×3組

1 手肘在胸前併攏，
雙手緊貼。

2 注意手肘不要分開，同時雙手慢慢往上抬至額頭的高度。雙手往上抬的時候吐氣。

─ TIP

・盡量不要用到斜方肌，為避免肩關節受傷，也要注意不要聳肩。

04

如果希望更強調自己勻稱的身材，那背部運動就是不可或缺的一環。多用彈力帶來輔助運動，就能有效增加肌肉的彈性。如果沒有彈力帶，也可以用絲襪代替。動作重複三組，每組十五次，背部肌肉就會充滿彈性，身材會變得更緊實，更能夠強化脊椎周圍的肌肉，對脊椎健康很有幫助。

俯身划船

初級15次×3組 | 中級25次×3組

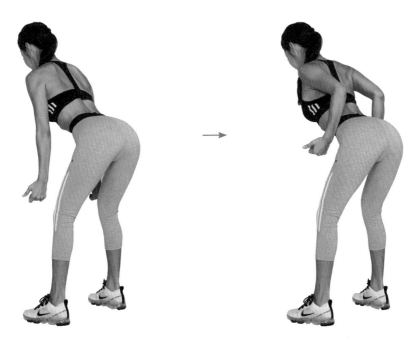

1 雙腳張開與肩同寬，膝蓋微彎，膝關節不要完全打直。核心用力，腰打直，上半身向前彎，雙手輕輕握拳，手掌心朝上。

2 肩胛骨往中間收攏，同時手肘往肚臍方向收。雙手拉起的時候吐氣。

TIP

· 手臂不要過度用力，專注在背部肌肉的動作上。

闊背肌下拉（空手＋彈力帶）

初級15次×3組 │ 中級25次×3組

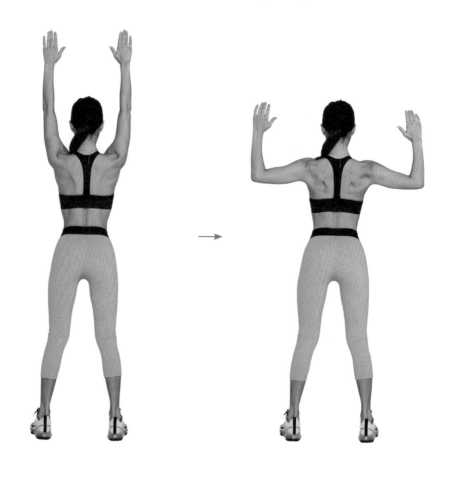

1 雙腳張開與肩同寬，雙手向上伸直，
讓闊背肌與背部肌肉可以伸展開來。

2 手肘往側邊下彎，同時會覺得肩胛骨收攏，並往臀部方向下壓。雙手手肘下彎，背部肌肉收縮的時候吐氣。

─ **TIP** ┃ ─────────────────────────────

· 要記得這不是手臂運動，而是背部運動，所以手臂不要用力，要用背部的
力量把手臂往下拉。

1 向前趴下，雙手雙腳伸直。

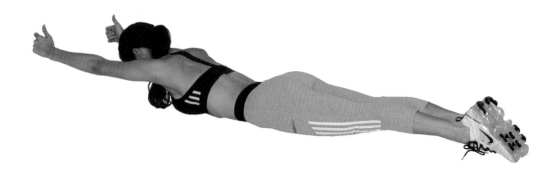

2 下半身的力量集中在臀部，固定貼著地板不動，
然後再用肩胛骨處肌肉的力量、脊柱起立肌的力
量把上半身抬起來，雙手的大拇指要朝著天花
板。雙手往上抬起時吐氣。

→

TIP!

· 力量如果沒有集中在核心，就可能給腰部增加壓力，所以腹肌要記得用力。
· 下半身要用臀部和括約肌的力量固定住，再開始動作。

05

上臂有肌肉的地方是肱二頭肌的所在之處，對側則是容易鬆弛，總是讓我們煩惱的肱三頭肌。

在日常生活中提東西、打電腦或開車時，經常會用到二頭肌，但只要不運動，三頭肌就會失去彈性。當我們揮手打招呼的時候，鬆弛的三頭肌就會抖個不停，所以也被稱為「掰掰肉」。手臂運動主要鍛鍊的，是日常生活中較不會用到的部分，所以最重要的就是必須保持平衡。在這邊也要提醒大家，在做胸部運動和背部運動的時候，也會用到手臂的肌肉做輔助。

三頭肌伸展

初級15次×3組 | 中級25次×3組

1 雙腳張開與肩同寬，核心用力，膝蓋微彎，上半身微微向前傾。雙手手肘貼在腰側，彎曲成九十度。

2 以手肘為中心，雙手向後慢慢朝天花板伸直。雙手伸直，三頭肌收縮的時候吐氣。

TIP

· 手肘要盡量固定不動，專注在三頭肌（上臂外側）的動作。

二頭肌彎舉（Arm Curl）
（空手＋握水瓶）

初級15次×3組 | 中級25次×3組

1 雙腳張開與肩同寬，手向下垂，
但要讓手肘位在腰的左右兩側。

2 手肘固定不動，用二頭肌的力量把手臂
往上拉起來。雙手往上拉的時候吐氣。

TIP

・手肘扮演的角色是維持重心，不能移動，盡量專注在二頭肌的運動上，這
樣才能把動作做好。

過頭三頭肌曲舉

初級15次×3組 | 中級25次×3組

1 雙腳張開與肩同寬，核心用力，雙手伸直高舉過頭，貼在耳朵的兩側。手肘彎曲讓手向後彎，充分地伸展三頭肌。

2 手肘上半部貼著耳朵兩側，三頭肌用力讓手往天花板伸直。雙手向上伸直的時候吐氣。

TIP

· 可配合個人的柔軟度調整位置，以避免手肘受傷，專注在三頭肌的放鬆與收縮。

曲臂支撐

初級15次×3組 | 中級25次×3組

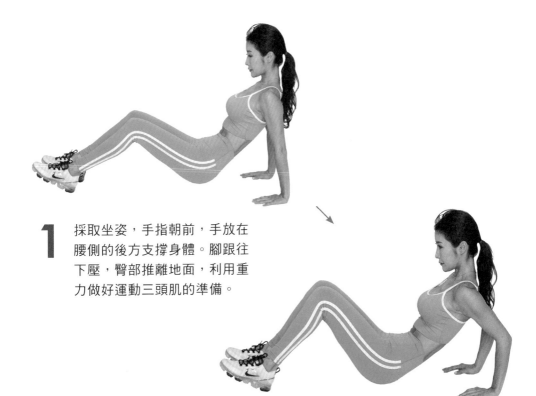

1 採取坐姿,手指朝前,手放在腰側的後方支撐身體。腳跟往下壓,臀部推離地面,利用重力做好運動三頭肌的準備。

2 手肘彎曲以放鬆三頭肌,然後再伸直以伸展三頭肌。手伸直的時候吐氣。

TIP

· 可依照個人的柔軟度調整位置,以避免手肘受傷。腳跟可以前後調整位置以控制難易度。專注在三頭肌的放鬆與收縮。

06

我最近覺得身體的平衡很重要。其實身材也是一種流行，古代人都認為有一點肉，看起來有點圓潤的才是美人，但到了一九九〇年代初期，如伸展台上的模特兒般，沒有一絲贅肉的削瘦身材才是主流，而現在則流行健康美，大家喜歡有肌肉、有彈性，讓人感覺健康又美麗的勻稱身材。以前強調肩膀要窄，要能激發人保護本能的女性美，但現在卻提倡藉著三頭肌運動，來鍛鍊肩膀肌肉，讓自己的肩膀更挺。

不過，在做肩膀運動的時候，斜方肌一定會出很多力，在運動三頭肌的時候，也不得不去動到斜方肌。所以運動的時候，必須要努力地拉開肩膀與耳朵的距離，並且盡量減少斜方肌出力，固定的次數做完之後，最好可以伸展一下斜方肌，以舒緩僵硬的肌肉。比起肌肉的大小，舉肩運動更注重的是肌肉的線條與發達程度，比起一味地追求重量，建議大家專注在動作對肌肉造成的刺激上。

前平舉

初級15次×3組 | 中級25次×3組

1 雙腳張開與肩同寬,核心肌肉用力,身體站直。

2 力量集中在肩膀前側,並用那股力量把雙手往前舉至與肩同高。雙手舉起時吐氣。

TIP

・因為是向前平舉,所以是「正面」三頭肌運動。力量集中在肩膀,但盡量不要聳肩,以避免鍛鍊到斜方肌,利用肩膀前側的肌肉來把手臂舉起來。

側平舉

初級15次×3組 | 中級25次×3組

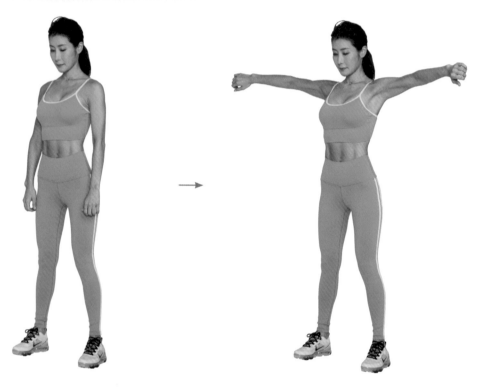

1 雙腳張開與肩同寬,核心肌肉用力,身體站直。

2 力量集中在肩膀的側面,並用那股力量把雙手往兩側舉起至與肩同高。雙手往兩側舉起時吐氣。

TIP

· 因為是往兩側平舉,所以是運動到側面的三頭肌。力量要集中在肩膀,但盡量不要聳肩,以避免鍛鍊到斜方肌,要利用肩膀兩側的肌肉來把手臂舉起來。

俯身側平舉

初級15次×3組 | 中級25次×3組

1 雙腳張開，寬度稍微比骨盆窄一點，或是在雙腳併攏的狀態下腰打直，身體向前微彎。

2 手臂伸直，並慢慢往兩側抬起，抬起的時候會覺得兩邊的肩胛骨慢慢靠近。手臂抬起的時候吐氣。

TIP

· 這是彎腰的反向後側三頭肌運動，力量要集中在肩膀，但盡量不要聳肩，以避免鍛鍊到斜方肌，利用肩胛骨下方肌肉的力量把手抬起來。

直立上提

初級15次×3組 | 中級25次×3組

1 雙腳張開與骨盆同寬，雙手微微下垂並握在一起。

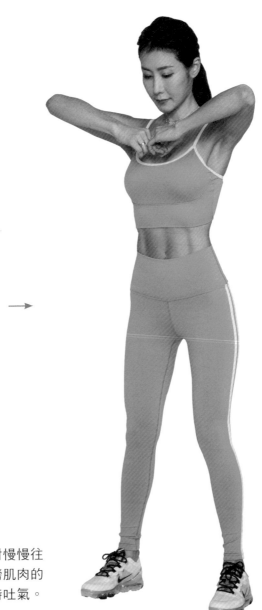

$\longrightarrow$

2 雙手握在一起,手肘慢慢往上抬高,集中在肩膀肌肉的動作上。手肘上抬時吐氣。

TIP

・盡量減少斜方肌出力,集中在肩膀正面的三頭肌,避免聳肩。

07

卷腹（上腹部）

初級15次×3組 | 中級25次×3組

1 躺在瑜伽墊上，雙腳膝蓋立起，力量集中在核心肌肉上，不要讓背部離開墊子。

2 雙手在腦後交握或輕輕地扣住手指，頭不要低下來，收縮胸部下方上腹部的肌肉，讓上半身抬起來。上半身離開墊子的時候吐氣。

TIP

· 如果低頭可能會造成頸椎損傷，所以視線要盡量固定在天花板，專注在上腹部。

095

俄式轉體（側腰）

初級15次×3組 | 中級25次×3組

1 坐在墊子上，下腹肌用力把雙腳抬起，然後讓身體保持平衡。

2 用核心的力量維持身體平衡，雙手向前收攏，想像雙手抓住一顆球的感覺，讓上半身往左右轉動。當身體往側面轉的時候吐氣。

TIP

· 腹部都不可以放鬆，轉腰的時候要慢慢地使用外腹斜肌來動作，而不是靠反作用力。

站姿側屈（側腰）

初級15次×3組 │ 中級25次×3組

1 雙腳張開與肩同寬，一隻手伸直，另外一隻手抬起來輕靠在後腦勺。核心用力，身體往伸直的手那一側下彎，慢慢把側腰拉開。

2 收縮已經放鬆的側腰肌肉，藉著那股力量讓身體回到原位。身體重新站直的時候吐氣。換邊重複同樣動作。

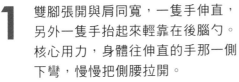

TIP

· 就算拿著很重的東西，下彎的時候核心還是要維持住，以避免自己受傷。

抬腿（下腹部）

初級15次×3組｜中級25次×3組

1 躺在墊子上，雙手放在骨盆下方，墊在屁股下。核心用力，雙腳伸直，並用下腹部的力量把雙腳抬起。

2 核心用力，雙腳慢慢放下，但不要碰到地板。

TIP

· 腹肌要用力下壓，避免腰部離開墊子懸空。

· 腳放下的時候腹肌要維持緊繃，以避免腰痛。

伸展拉筋和緩運動

運動完後，我們會透過伸展拉筋，來讓急促的呼吸與脈搏回到平靜的狀態。藉著充分伸展肌肉，以雕塑身上的贅肉，並提升身體的柔軟度，打造更具彈性的身材。最後伸展時，呼吸最好可以平順地維持十秒。

從想要動作，到大腦透過神經傳遞控制訊息，大約會花十秒的時間。所以如果反作用力太過激烈，反而容易受傷。

和緩運動的原因在於，讓身體從運動的緊繃狀態恢復到放鬆的狀態。靜態的伸展比動態的伸展要和緩許多，副交感神經會啟動，能有效地幫助因為運動而興奮的身體，重新回到平靜的狀態。

反之，開始運動的時候，最好做動態伸展，能夠使交感神經活躍，進而使身體進入最適合運動的狀態。

抖小腿

雙腳伸直坐在地板上，雙腳膝蓋交錯彎曲，以磨擦小腿肌肉。

體前彎

1. 雙腳伸直坐在地板上，一邊吐氣上半身一邊向前彎，伸展雙腳後方、臀部、腰部的肌肉，讓呼吸不再那麼急促。
2. 每一次吐氣都稍微再往前彎一點，能夠有效地提升身體的柔軟度。

1. 坐在地板上雙腳伸直,單腳抬起,並用雙手握住抬起的那隻腳。
2. 每次呼吸都稍稍把腿往額頭推近一些,專注在肌肉的伸展上(如果無法保持平衡,也可以靠著牆壁或椅子來做這個動作),換腳重複同樣動作。

3

輔助工具強化訓練

使用一個工具做到各部位與全身運動。

01

下半身：深蹲&內收

初級15次×3組 | 中級25次×3組

1 阻力環放在雙腿之間，用膝蓋上方的大腿夾住。用大腿內側的力量夾住阻力環並開始深蹲，蹲下去的時候要注意膝蓋位置不可以超過腳尖。

2 腳後跟用力往下壓，臀部用力讓自己站直，雙腳收攏將阻力環往內壓，重複三次內收。站直大腿內收的時候吐氣。

TIP

· 大腿內側應持續出力，且左右兩邊出力要平均，避免阻力環掉落。矯正並維持住身體的平衡，並讓自己專注在這個過程中。

上半身：屈膝伏地挺身

初級15次×3組 | 中級25次×3組

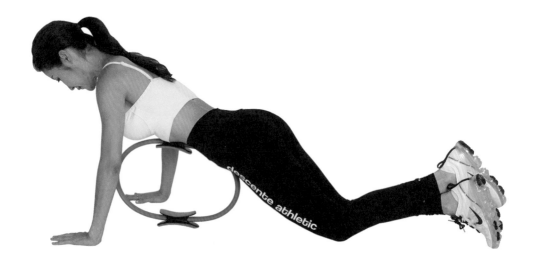

1 膝蓋撐在墊子上，阻力環直的放在身體下方，並用腹部抵住，雙手距離稍微比肩膀寬一些，腋下正朝著墊子。核心維持出力，手肘彎曲以伸展胸部肌肉。

2 一邊收縮胸部肌肉（想像腋下用力的感覺去做這個動作會比較簡單）一邊把身體撐起來。用胸部的力量把身體撐起來時吐氣。

TIP
· 不是用手臂的力量，而是盡量集中使用胸部肌肉的力量。

腹部：抬腿內收

初級15次×3組 ｜ 中級25次×3組

1 面朝上躺在墊子上，把阻力環夾在膝蓋上方的大腿內側處，雙手放在身後，墊在臀部下方。核心用力，雙腳伸直，並用下腹部的力量把雙腳抬起。藉著下腹部與大腿內側的力量，讓大腿收緊三次（往內收）。

2 核心用力，雙腿慢慢放下，但不要碰到地板。腿抬起來的時候吐氣。

┌─ **TIP** ───┐
· 用腹肌的力量下壓，讓腰不要離開墊子。
· 腿放下的時候腹肌不能放鬆，否則腰可能會痛。
└──┘

02

腹部：屈膝滾輪

初級15次×3組 | 中級25次×3組

1 把瑜伽滾輪放在脛骨的位置，並做出棒式。

2 用下腹部的力量把膝蓋往上拉，以滾動滾輪。膝蓋往上拉的時候吐氣。

TIP

・腹肌要用力，才不會讓腰過度出力。

下半身：弓箭步

初級15次×3組 | 中級25次×3組

1 雙腳前後站開，距離與肩同寬。讓後面那隻腳的脛骨到腳踝部分，留在瑜伽滾輪滾動的範圍內。慢慢地彎曲雙腿膝蓋，同時用後面的那隻腳把瑜伽滾輪往後推。

2 前腳的腳跟用力踩地板，用大腿和臀部的力量起身，此時瑜伽滾輪也要回到原位。彎曲的膝蓋再度伸直時吐氣。換腳重複同樣動作。

TIP

· 膝蓋彎曲時，前面的膝蓋不能超過腳尖。
· 專注在臀部正面肌肉的收縮與伸展，這樣可以幫助動作更順暢。

上半身：前平舉

初級15次×3組 ｜ 中級25次×3組

1 橫的抓住瑜伽滾輪的兩側，
雙腳張開與肩同寬。臀部稍
微往後推出去，上半身打直
並微微向前傾。

→

2 用肩膀的力量把瑜伽滾輪舉起，舉
起時手的位置大概在耳朵兩側。舉
起瑜伽滾輪時吐氣。

TIP

· 專注在肩膀肌肉上，避免腰部疼痛，腹肌也要用力避免駝背。

03

彈力帶跟啞鈴等增加負重的工具不同，受傷的可能性比較低，也可以維持抗阻。

即使是同一條彈力帶，抓的長度較短或對折之後再使用，阻抗性都會不一樣，建議可以依照個人的程度，來調整彈性的強度。

腹部：抬腿 & 舉肩

初級15次×3組 | 中級25次×3組

1 躺下後雙手抓住彈力帶的左右兩端，雙腳併攏，踩在彈力帶的中央。

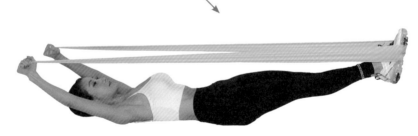

2 用下腹部的力量支撐雙腿放下，雙腿放低到靠近地板但不要碰到地板的高度，用肩膀的力量讓雙手擺出歡呼的姿勢，將彈力帶拉開。彈力帶拉開來的時候吐氣。

┌─ **TIP** ┆ ─────────────────────────────
· 雙腳注意不能碰到地板，要維持腹肌的力量，讓腰不要拱起來。
└─────────────────────────────────────

下半身：深蹲

1 雙手抓住彈力帶的左右兩端，雙腳張開與肩同寬，並踩在彈力帶的中央。將彈力帶由後往上拉起來背在肩上。

2 腹部用力，避免彎腰駝背，接著臀部往後推出去慢慢蹲下，注意膝蓋不要超過腳尖。後腳跟用力讓自己起身，括約肌用力讓左右兩邊的臀部繃緊。蹲下去再起來的時候吐氣。

TIP

· 往下蹲的時候核心要用力，不要彎腰或駝背。
· 起身的時候膝蓋不要往內收，不要用到膝關節，而是用下半身與臀部的力量把身體撐起來。

上半身：推胸

初級15次×3組 ｜ 中級25次×3組

1 雙腳張開與肩同寬，彈力帶繞過身體後方，雙手抓住彈力帶的左右兩端，將其夾在腋下的位置。手肘維持彎曲並抬高，維持平舉並向後打開的狀態。

2 用胸肌的力量讓雙手往前伸直。
胸部肌肉收縮的時候，也就是雙
手往前伸直的時候吐氣。

TIP

· 要用到的不是手臂的力量，而是利用胸部的力量把彈力帶拉開，要專注在
胸肌的收縮與伸展上。

04

8字彈力帶跟啞鈴等增加負重的工具不同，
受傷的可能性比較低，也可以維持抗阻。
即使是同一條8字彈力帶，抓的長度比較
短，或是對折之後再使用，抗阻性都會不一
樣，建議可以依照個人的程度，來調整彈性
的強度。

下半身：跪姿抬腿

初級15次×3組 ┃ 中級25次×3組

1 一隻腳膝蓋穿過8字彈力帶的其中一邊，另一隻腳的腳底踩著另外一邊，擺出前趴的姿勢（嬰兒爬行姿）。踩著8字彈力帶的那隻腳往後伸直。

2 核心用力，藉著伸直的腳那一側的臀肌力量，把腳往上抬高。8字彈力帶拉長的時候，也就是腳抬起的時候吐氣。換腳重複同樣動作。

TIP

· 腹肌要用力，把腰挺直。
· 腿伸出去的時候不是用踢的，而是要用臀部肌肉收縮的力量來執行這個動作。

上半身：直立上提

初級15次×3組 | 中級25次×3組

1 雙腳膝蓋跪著押住8字彈力帶的其中一邊，並把身體挺直。雙手抓住8字彈力帶另外一邊，同時核心肌肉用力。

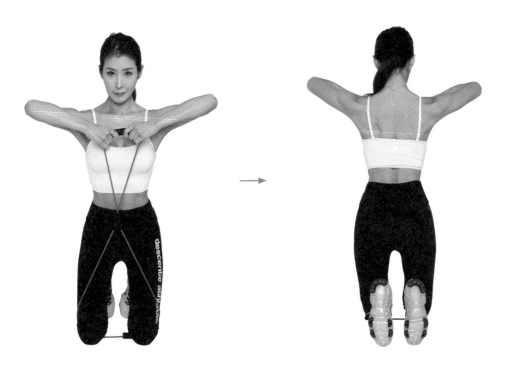

2 斜方肌盡量放鬆不要出力，利用肩膀的力量把手肘往上抬高，同時將8字彈力帶拉開來。雙手手肘往上抬的時候吐氣。

TIP !

· 不要只是想著去把8字彈力帶拉長，而是要用肩膀的力量自然地把8字彈力帶拉開。

腹部：臥姿抬膝

初級15次×3組 | 中級25次×3組

1 面朝上平躺，用一隻腳踩住8字彈力帶的一邊，另外一邊用另一隻腳的腳背勾住。用下腹部的力量，把勾住8字彈力帶的那隻腳往胸部方向抬。

2 膝蓋往胸部方向靠近的時候吐氣。
換腳重複同樣動作。

TIP

・不是要用腿的力量把8字彈力帶拉開，而是要用下腹部的力量。

05

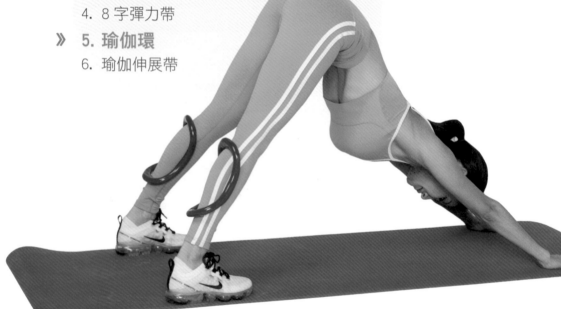

髖關節按摩

每次10秒，重複至少10次

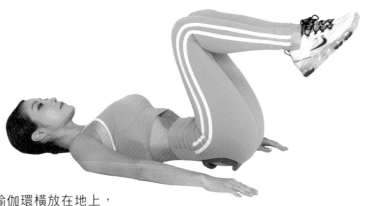

1 瑜伽環橫放在地上，
用臀部上半段的肌肉
抵住瑜伽環。

2 膝蓋慢慢朝胸部的方向收攏抬起，然後再
向外畫一個圈。膝蓋往外轉的時候吐氣。

┌ **TIP** ─────────────────────────
· 瑜伽環的位置要注意別碰到骨盆。
└──────────────────────────────

小腿（下犬式）

每次10秒，重複至少10次

1 瑜伽環的下端靠著阿基里斯腱的下方，
將瑜伽環套在小腿上。

2 上半身向前彎，擺出下犬式，然後單腳膝蓋彎曲，另
一隻腳的腳跟則要用力踩在墊子上，以增加肌肉的刺
激。單腳膝蓋彎曲，另一隻腳伸直的時候吐氣。

TIP

· 瑜伽環就算沒有卡的很緊，還是有促進血液循環、減輕小腿水腫的效果，
  所以不需要卡太緊。

06

股二頭肌

每次10秒,重複至少3次

1 身體平躺,一隻腳踩著瑜伽伸展帶並抬高,另一隻腳膝蓋微彎,身體微微轉向膝蓋彎曲的方向。

2 雙手抓著瑜伽伸展帶用力,把抬高的腳慢慢往頭上拉以伸展大腿。不要刻意憋氣,放輕鬆呼吸就好。換腳重複同樣動作。

TIP

・拉的時候不要搖晃,拉好之後維持不動10秒。
・可以的話,每次吐氣的時候都可以再稍微用力,以幫助提升身體的柔軟度。

135

股四頭肌

每次10秒，重複至少3次

1 身體穩定好，單腳勾住瑜伽伸展帶，
並將瑜伽伸展帶往身體的方向拉。

2 另一隻腳盡量不要離開地面。不要憋氣，放
輕鬆呼吸就好。換腳重複同樣動作。

TIP

· 拉的時候不要搖晃，拉好之後維持不動 10 秒。
· 可以的話，每次吐氣的時候都可以再稍微用力，以幫助提升身體的柔軟度。

4

日常生活中的健身法

培養時時運動的習慣，不論是剛起床、做家事、帶小孩……，
有意識的動動身體都能有效的維持美好體態。

1. 伸懶腰

2. 單腳抱膝，換腳重複同樣動作

3. 雙腳抱膝

4. 腳掌貼合並抱住腳尖伸展

5. 右腳掌放在左大腿上,雙手抱住左大腿伸展,換腳
   重複同樣動作

6. 旋轉身體，換邊重複同樣動作

7. 單腳伸膝伸展，換腳重複同樣動作

8. 雙腳伸膝伸展

9. 滾背10次

10. 坐姿單腳屈膝前彎，換邊重複同樣動作

11. 單腳屈膝轉身，換邊重複同樣動作

12. 腳掌貼合前彎

13. 前後拍手10次

1. 重複墊腳尖、放下腳跟的動作。
2. 當血液集中在小腿，導致小腿水腫時，這可以幫助血液循環以消除水腫、恢復彈力。

運動臀部外側的臀中肌,讓鬆弛下垂的臀部變成緊緻有彈性的蘋果臀。

重心放在單腳上，另一隻腳踩著抹布並往外滑出去，換腳重複同樣動作。藉此方法來拉提臀部。

雙手推拉
（運動胸部、背部）

四肢趴地，雙手撐在抹布上，腋下部分的肌肉出力，雕塑穿無袖時容易露出來的手臂（運動我們在用手支撐身體時會用到的肌肉）。

邊擦窗戶邊深蹲

比起單純揮動手臂上下擦拭，不如利用下半身來完成這個工作，這樣不僅能運動臀大肌來消耗熱量，更能夠打造有彈性的下半身。

走路時壓腳跟
（感受大腿後側到臀部用力的感覺）

核心要持續出力，這樣就能幫助矯正體型、促進血液循環，並提升腸道功能。

151

SPECIAL
PART

《進階篇》
Dasol 媽的
高強度訓練

女人的身體有一定的線條，和男人不一樣，這是只有我們才能夠營造出的美麗。只要下定決心就從現在開始！ Dasol 媽會一直在旁邊幫忙你，每一個人都有自己的美麗與價值。

（1）

Dasol 媽的 333 腹肌運動

這裡介紹三種棒式變形動作，可以同時鍛鍊全身
肌肉，也能夠鍛鍊包括側腰在內的腹肌。都是
Dasol 媽每天早晚固定會做的動作，也是循環運
動當中很受大家喜愛的動作。

爬山30秒

1 棒式：雙手、肩膀撐在墊子上與墊子垂直，雙腳伸直，讓耳朵—骨盆側面—踝骨成一直線，腹肌與臀肌，也就是核心肌群用力支撐住身體，以強化肌力。

2 維持棒式，雙腳膝蓋交叉往胸部方向拉抬，此時要用下腹部的力量讓膝蓋往上抬。膝蓋抬起的時候吐氣。

TIP

· 雙手撐在墊子上的時候不要聳肩，避免給肩膀施加太多壓力，應該用胸部的力量支撐。

棒式肘撐轉體30秒

1 手肘放在墊子上支撐
上半身,擺出棒式的
姿勢,雙腳併攏且核
心用力。

2 側腰用力轉動身體,讓單側的骨盆側面可
以摩擦到墊子,然後再轉向另外一邊。骨
盆朝向墊子的時候吐氣。

┌ **TIP** ┐

・轉體的時候不要扭動骨盆,而是要用專注側腰的力量拉動骨盆。

棒式肘撐30秒

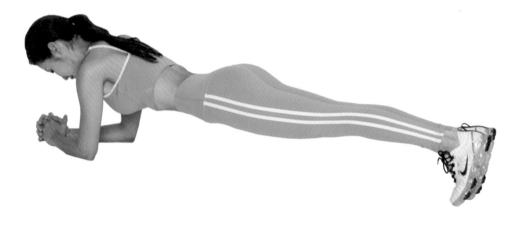

1 手肘放在墊子上支撐上半身，雙腳張開與骨盆同寬，從側面看過去時從頭到腳會呈一直線。

2 腹肌與臀肌要用力，身體感覺就像一根棍子一樣。呼吸只要規律就好。

TIP

· 不是用肩關節的力量去支撐上半身，而是要用胸肌的力量，注意不要聳肩。

2

Dasol 媽的高強度間歇訓練

進行此訓練，所燃燒的脂肪，比做一般有氧運動更多喔！

高強度間歇訓練 HIIT

所謂高強度間歇訓練 HIIT（High Intensity Interval Training，高強度間歇訓練、間歇運動），包括最近相當受歡迎的「TABATA運動」。

根據研究，進行 HIIT 所燃燒的體脂肪，比做一般有氧運動時更多。甚至在 HIIT 的循環結束之後，還是會持續燃燒體脂肪與熱量。這是一種在短時間內重複劇烈運動，並在每項激烈運動之間短暫休息的簡單運動方法。

┌─ **TIP** ┆ ───

‧ 因為要提升運動的強度，所以必須快速做出正確的姿勢。

‧ 重複次數：每周 3 次。

└───

1. 蹲下時注意膝蓋不要超過腳尖，把重心放在腳跟上，用臀部的力量站直，然後用臀中肌的力量把腳往側邊抬起（換腳重複同樣動作）。
2. 原地踏步以調整呼吸。

20秒

開合跳

10秒

原地踏步

1. 雙手向左右兩邊抬起的時候原地往上跳，並把腳打開，落地時腳併攏雙手放下。
2. 原地踏步以調整呼吸。

1. 單腳往前跨出去，上半身挺直並往下蹲（雙腳要控制在下蹲時，往前跨出的腳膝蓋不會超過腳尖的距離）。
2. 雙手往前伸直維持身體平衡，核心用力，吐氣的同時身體往側面轉，哪一隻腳往前跨出去就朝那個方向轉（然後再換邊重複）。
3. 調整呼吸原地踏步。

163

20秒
爬山

10秒
原地踏步

1. 擺出棒式，吐氣的同時利用下腹部的力量，將單腳膝蓋往胸部方向拉起（然後換邊重複）。
2. 調整呼吸原地踏步。

1. 手肘撐著墊子，維持棒式肘撐的姿勢，核心用力轉動身體，讓骨盆的側面可以靠近墊子。
2. 調整呼吸原地踏步。

3

雙人運動

和夥伴一起運動，互相支持、鼓勵，運動效果加倍。

雙人運動1
男生靠牆蹲坐
女生爬山

- 男生靠牆蹲坐：靠著牆壁，用坐在椅子上的姿勢支撐住身體，膝蓋的角度盡量呈九十度。
- 女生爬山：雙手撐著地面，腳尖撐在男生的膝蓋上，兩腳膝蓋交互往胸部方向抬，做出爬山的姿勢。每一組10次，共做3組。

雙人運動2
棒式肘撐擊掌

面對面用手肘撐著地板做出棒式,用腹部、胸部、臀部等全身的力量支撐住,並兩手交替與對方擊掌,雙手交互打10次,共做3組。

肩膀及側腰伸展

1. 肩膀、背部、臀部、大腿後側、小腿：面對面站著，雙手放在對方的肩膀上，拉開間隔後彎下腰，輕輕按壓對方的肩膀。
2. 側腰：並肩面朝同個方向站好，內側的那隻手放在下面，外側的手則高舉過頭，並握住對方的手。接著骨盆往外推出去，讓身體側面可以充分伸展。

4

高強度伸展運動

以下介紹的這些動作是我在產後恢復身材時，
常做的伸展操，也適合過度肥胖的人來做喔！

駱駝式

1. 膝蓋張開跪在墊子上，距離與骨盆同寬，手撐在臀部上方與腰相連的位置。

2. 臀部與括約肌用力，並伸展大腿前側肌肉，同時胸部與頸部拉開來，將臀部往前推，讓身體呈現拱型。

3. 伸展胸部與頸部肌肉，可以提升甲狀腺的功能，也能夠維持肩膀、骨盆、胸廓的平衡（註：此動作能有助改善頭痛與頭暈症狀，但有脊椎問題的人最好避免這個動作）。

坐姿側彎

1. 維持坐姿,左腳向內彎,腳跟靠著會陰部,右腳的膝蓋向旁邊伸出去。
2. 雙手交握放在後腦,腰打直,上半身在吐氣時往右腳的方向彎下去。
3. 維持20～30秒再回到原來的姿勢,然後換一邊再做一次。

高強度伸展運動3
橋式

1. 面朝上躺下，雙腳膝蓋屈起並張開與骨盆同寬。
2. 呼吸的同時，慢慢利用臀部肌肉的力量把臀部抬起來。
3. 姿勢維持20～30秒，然後回到原本的姿勢（這個姿勢可以幫助矯正腹直肌分離和骨盆，膝蓋不好的人建議做此動作時，雙腳應該張開成Ｖ字型）。

常見Q&A

Q1.想瘦的人做會流很多汗的有氧運動，身材苗條的人做肌力運動就可以了嗎？

　　這其實是無法分開的兩種運動。無論是想要減重還是想強化肌力，都建議大家要同時進行肌力運動與提升心肺功能的有氧運動。如果只做肌力運動，那基礎體力要素之一的心肺功能就無法提升。心肺功能與身體循環有密切的關係，是不能忽視的部分。但如果不做肌力運動，只做有氧運動的話，則容易遇到停滯期。就像前面提過的，我們的身體為了維持生命，需要消耗基礎的熱量。像是用肺呼吸、心臟跳動，身體各處的臟器活動所要消耗的能量，就稱為「基礎代謝量」。基礎代謝量高的人和基礎代謝量低的人，攝取等量的熱量時，誰會比較容易胖呢？

　　當然是基礎代謝量較低，會把多餘能量累積下來的人。那有什麼方法能夠提升基礎代謝量呢？首先必須要增加肌肉量。因為我們的「肌肉」為了生存，會自己消耗熱量。所以肌肉量較多的人，基礎代謝量會大於肌肉量較少的人。身體為了因應緊急狀態，會累積一定分量的脂肪以「保護」身體，這些長時間累積下來的脂肪，若在某天因為突然的長時間運動或節食而快速減少的話，人體就會立刻想要補充那些減少的脂肪。

　　身體會盡量減少熱量消耗，進而降低基礎代謝量。基礎代謝量減少，就表示能量會多出來，身體會用剩餘能量去「填補突然減少的脂肪」。這種人體試圖回到原始狀態的特性，就稱為「溜溜球現象」。

Q2.什麼時候最適合做運動？

　　每個人都有屬於自己的生活規律。由於大家的職業與習慣都不一樣，所以硬性規定反而會給人帶來壓力。尤其生完小孩之後，必須要無時無刻照顧小孩的主婦，在固定的時間運動或許是一種奢侈。不如就穿著運動服，有時間就在家運動一下吧。一點一滴地累積消耗的熱量，身材也會在不知不覺間跟著改變。大家要記住，最好的瘦身方式就是「慢慢瘦」。除此之外，上班族或學生則可以利用上午、傍晚或午餐時間等，配合自己的生活習慣，每天持續做二十～六十分鐘的運動。這樣會更有活力，精力也會更充沛，也能養成健康生活、保養身材的好習慣。

Q3.做肌力運動該怎麼呼吸？

　　很多人不太會控制呼吸，其實只要知道原理就很簡單了。我們壓住喉嚨忍住呼吸的話，臉就會變紅，這代表血液全部集中在那個部位，該部位的壓力升高。運動的時候我們的肌肉也是會隨著收縮與伸展，來供應該部位血液（因為能量消耗殆盡就必須要填補）。而隨著血壓上升，心臟的負擔就會加大，也可能會發生危險情況，所以建議可以用呼吸器輔助吸吐以調整血壓，吐氣的時候核心也會用力，所以呼吸也可以達到一定的運動效果。

　　舉例來說，像是「划船動作」是要收縮、伸展上臂二頭肌的動作，也是我們在拿東西時會做出的動作。拿東西的時候，二頭肌會隨著出力而收縮，這時候我們會吐氣。只要了解原理之後就很簡單。其他的部位也適用這個原理，大家可以運用看看（可能跟瑜伽和冥想的呼吸會有點不一樣，請注意）。

Q4.生理期食欲變得很旺盛，該怎麼辦？

從某個角度來看，這是女性比較弱勢的時期。由於荷爾蒙的變化，身體會產生很多改變，但大家都會經歷這樣的時期，只要了解身體的運作機制，就不必給自己太大壓力。

生理週期大致可分為第一階段：生理期結束後至排卵期、第二階段：排卵期～生理期前、第三階段：生理期前～生理期間等三個階段。

第一階段：這段時間的狀況最好，身體非常輕盈，可以進行高強度的訓練。

第二階段：感覺身體漸漸變沉重。

第三階段：身體變得非常沉重，體重至少會增加一到三公斤。這是受到黃體素這種荷爾蒙的影響，體內充滿了水分。常做的運動在這個時候可能也會讓妳感到吃力。妳也會變得比較敏感、會暴飲暴食或是攝取過多糖分。但生理期快要結束的時候，身體就會恢復，狀況也會跟著改善。

只要接近第三階段，每個人都會經歷類似的狀況。不要覺得憂鬱，試著成為「可以克服那個日子的女人」怎麼樣？

如果覺得很累，可以補充一點可可含量高的巧克力和熱普洱茶，這是我個人的祕訣。

除了腳往反方向抬起（血液會逆流）的動作之外，其他的動作都可以正常進行。安慰自己「停經之後反而會更難過」，打起精神來運動吧。

Q5.我不想把肌肉練的太健壯，只想要稍微鍛鍊一下讓身材更精實，該做什麼運動呢？

　　肌肉是由蛋白質的纖維組成，其大小與可以提起多少重量有密切的關係，我們也是以這種方式來鍛鍊。重訓器材的重量與肌肉的大小成正比，我們就朝這個方向來思考即可。此外，如果想訓練的是肌肉的彈性而非大小的話，那建議利用彈力帶，或是重量較輕但卻不斷重複的運動動作。

　　舉例來說，如果重複舉五次一百公斤能夠幫助肌肉變大，那重複舉二十次五公斤，則比較能夠讓肌肉成形。（註：這是最常見的方法，但重量設定的方法會依據個人的肌力而改變，通常都是重複十五次，再選擇自己舉得起來的重量即可。三組十五次的方法，是經過許多機構實驗後歸納出來最有效的次數。）

　　如果不得已吃了消夜，那我隔天就會進行間歇性斷食，並且吃「精氨酸」後空腹做至少六十分鐘的有氧運動，以燃燒過剩的熱量。以這個規律持續六個月，身體會自然改變。在那之前千萬不要放棄，要堅持到底，「著急」就輸了。

　　如果想要瘦身，那就必須要運動搭配飲食控制，這樣會比較快見效。菜單占八十％，運動占二十％，飲食控制所占的比例比較重。但如果沒有搭配運動的話，那反而會比不執行瘦身計畫時，更容易遇到「溜溜球現象」，也會讓身體失去彈性，要多注意喔。

Q6.一定要吃蛋白質補充劑嗎？

　　我建議大家可以靠天然的食物補充蛋白質。

　　無論是加工食品還是精製食品，都是「人工的」，天然食品比人工的好，也對身體有益，這應該是常識。但如果你是運動選手的話，人工的蛋白質補充劑會比雞胸肉、雞蛋更快吸收，這些應該會對你有幫助。

Q7.我開始運動很久了，但卻沒什麼改變，這是為什麼呢？

很多人都說持續運動很久，但體重跟外表都沒有什麼改變。這是因為身體會去適應任何環境。

這種時候，我建議大家改變一下一直以來的運動規律。舉例來說，如果之前一直都只有走路，那你就可以變成走兩～三分鐘，然後換成跑步，這樣交替進行。如果一直是騎自行車，那可以多走一點路。在做肌力運動的時候，增加一點重量給身體更強烈的刺激，就可以克服「停滯期」了。

當然去做瑜伽或皮拉提斯等平時不會做的運動也不錯，這都能給身體新的刺激。

還有一點，那就是減重跟呼吸交互率有密切的關係，建議大家可以規劃強度較高的（會讓你氣喘吁吁的強度）有氧運動。

短時高效5日健身計劃

① 初學者

天數	肌肉運動	全身有氧運動
第一天	驢子踢腿 12次×3組 三頭肌伸展 12次×3組 上臂划船 12次×3組 基本深蹲 10次×3組 弓箭步轉體 10次×3組	高抬膝 12次×3組 開合跳 12次×3組
第二天	前弓箭步 10次×3組 深蹲 20次×3組 屈膝伏地挺身 10次×3組 卷腹 10次×3組 抬腿 10次×3組	爬山 10次×3組 交互開合跳 10次×3組
第三天	前平舉 & 深蹲 10次×3組 單腳側抬 10次×3組 橋式 12次×3組 抬腿鐘擺 10次×3組 背部伸展 20次×3組	側深蹲 10次×3組 高抬膝 10次×3組
第四天	椅子單腿側抬 10次×3組 椅子單腿臀部伸展 10次×3組 椅子跳躍深蹲 10次×3組 椅子單腿跨步 10次×3組 俄式轉體 10次×3組	椅子棒式爬山 10次×3組 椅子棒式開合跳 10次×3組
第五天	深蹲橫向三步 10次×3組 彈力帶硬舉 10次×3組 坐姿彈力帶上舉 10次×3組 坐姿彈力帶三頭肌伸展 10次×3組 超人式伸展（背部）10次×3組	併腿開合跳 10次×3組 背部下拉 & 單腿抬膝 10次×3組

❷ 中、高級者

天數	肌肉運動	全身有氧運動
第一天	驢子踢腿 20次×3組 三頭肌伸展 15次×3組 上臂划船 15次×3組 基本深蹲 15次×3組 弓箭步轉體 15次×3組	高抬膝 20次×3組 開合跳 20次×3組
第二天	前弓箭步 18次×3組 深蹲 20次×3組 屈膝伏地挺身 20次×3組 卷腹 20次×3組 抬腿 20次×3組	爬山 20次×3組 交互開合跳 20次×3組
第三天	前平舉&深蹲 20次×3組 單腳側抬 20次×3組 橋式&側卷腹 20次×3組 抬腿鐘擺 20次×3組 背部伸展 20次×3組	側深蹲 20次×3組 高抬膝 20次×3組
第四天	椅子單腿側抬 20次×3組 椅子單腿臀部伸展 20次×3組 椅子跳躍深蹲 20次×3組 椅子單腿跨步 20次×3組 俄式轉體 20次×3組	椅子棒式爬山 20次×3組 椅子棒式開合跳 20次×3組
第五天	深蹲橫向三步 20次×3組 彈力帶硬舉 20次×3組 坐姿彈力帶上舉 20次×3組 坐姿彈力帶三頭肌伸展 20次×3組 超人式伸展（背部） 20次×3組	併腿開合跳 20次×3組 背部下拉&單腿抬膝 20次×3組

穿上
比基尼

三個動作，就能打造完美比基尼身材

1. 驢子踢腿：拉抬臀部 55頁
2. 俄式轉體：提升腰側緊實 96頁
3. 抬腿雕塑體態 61頁、98頁、110頁、119頁、147頁

目標2
穿上
露肚裝

Dasol媽的333腹肌運動（全身＋整個腹部）

露肚裝的重點就是腹部脂肪！
用Dasol媽的333運動，讓你擁有完美體態。

1. 爬山30秒 156頁
2. 棒式肘撐轉體30秒 157頁
3. 棒式肘撐30秒 158頁

目標3

穿上無肩
帶禮服

鍛鍊美麗的肩部線條，挑
戰無肩帶禮服！

· 側平舉90頁

目標4

迷人美背

1. 弓箭步轉體163頁
2. 上半身：直立上提126
   頁

目標5
結實腹肌

1. 俄式轉體96頁
2. 抬膝40頁、42頁、
   113頁、128頁

目標6
豐滿胸部

1. 屈膝伏地挺身51頁、
   71頁、108頁
2. 推胸72頁

緊實手臂

・三頭肌伸展 83、86頁

目標9
女神級曲線

後記
創造自己的美麗

有時候需要可以不堅持的時間

我們畢竟不是機器人，只要是人都會有極限。

就像狗急會跳牆一樣，即使我很享受節食菜單，但那些曾經嘗過的美味還是會不斷吸引著我。尤其現在因為用手機、看社群而使得我們愈來愈晚就寢，外送文化也很發達，有時候真的很難抵擋美食的誘惑。

但後悔只是暫時的，隔天我又會因為前一天攝取過多熱量，而增加運動時間與強度。運動流完汗之後，實在是令人非常滿足。運動時分泌的好荷爾蒙，可以讓負面的想法變得更正面。

女人的身體有一定的線條，和男人不一樣，這是只有我們才能夠營造出的美麗。我們要用自尊和自信為那份美麗裝上翅膀。大家有看過「維多利亞的祕密」內衣秀嗎？想像一下模特兒的樣子吧，大家都可以變成那樣喔。總之，只要下定決心就從現在開始！不要再拖了！Dasol媽會一直在旁邊幫忙你，每一個人都有自己的美麗與價值。

要運動的理由

當你覺得已經來不及的時候，就是最快見效的時候。

我們的身體，通常會從二十歲以後開始老化，即使每個人有一點差異，但不會有太大的例外。

雖說年齡不過是數字，但身體的活動確實不得不考量年齡的因素。到了三十歲、四十歲、五十歲，就會像汽車一樣愈老功能愈差，身體的所有系統都會失去能量。肌肉組織、循環系統、荷爾蒙系統都會改變，基礎代謝量與肌肉、心血管系統、皮膚組織也會失去彈性，進而對精神造成影響。這是非常自然的現象。當百歲世代已經成為普遍的現象，各位未來想要過怎樣的生活，全都取決於自己的決心與行動。

運動可以提升新陳代謝，持續運動也能促進基礎代謝量的改變，進而改變熱量消耗的程度，達到控制體重的目標。預先了解身體的改變，並採取因應的對策，現在開始就讓自己更不一樣吧！

當你覺得已經來不及的時候，就是最快見效的時候。

現在開始吧。

HealthTree
健康樹　健康樹系列 135

韓國第一健身女王的短時高效健身計劃：
肌力訓練＋有氧鍛鍊，持續 5 天，降體脂‧雕曲線超有感
데일리，다솔맘 홈트：진짜 나를 찾는 시간

作　　　者	崔寶瑛
譯　　　者	陳品芳
總 編 輯	何玉美
主　　編	紀欣怡
責任編輯	李靜雯
封面設計	張天薪
版面設計	高鍾琪
內文排版	許貴華

出版發行	采實文化事業股份有限公司
行銷企畫	陳佩宜‧黃于庭‧馮羿勳‧蔡雨庭‧王意琇
業務發行	張世明‧林踏欣‧林坤蓉‧王貞玉‧張惠屏
國際版權	王俐雯‧林冠妤
印務採購	曾玉霞
會計行政	王雅蕙‧李韶婉
法律顧問	第一國際法律事務所　余淑杏律師
電子信箱	acme@acmebook.com.tw
采實官網	www.acmebook.com.tw
采實臉書	www.facebook.com/acmebook01

Ｉ Ｓ Ｂ Ｎ	978-986-507-089-2
定　　價	360 元
初版一刷	2020 年 3 月
劃撥帳號	50148859
劃撥戶名	采實文化事業股份有限公司
	10457 台北市中山區南京東路二段 95 號 9 樓
	電話：(02) 2511-9798　傳真：(02) 2571-3298

國家圖書館出版品預行編目資料

韓國第一健身女王的短時高效健身計劃
：肌力訓練＋有氧鍛鍊，持續 5 天，降體
脂．雕曲線超有感 / 崔寶瑛著；陳品芳譯.
-- 初版 .-- 臺北市：采實文化，2020.03
　　192 面；17*23 公分 .--（健康樹系列；
135)
ISBN 978-986-507-089-2(平裝)
1. 塑身 2. 減重 3. 健身運動
425.2　　　　　　　　　　109000370

데일리，다솔맘 홈트：진짜 나를 찾는 시간
Copyright © 2019 by Boyoung Choi
All rights reserved.
Original Korean edition published by FIKA BOOK
Chinese(complex) Translation rights arranged with FIKA BOOK
Chinese(complex) Translation Copyright © 2020 by ACME
Publishing Co., Ltd. Through M.J. Agency, in Taipei.